数字真奇妙

奥飞动漫 / 著　天代出版 / 编

全国百佳出版单位
吉林出版集团股份有限公司

图书在版编目（CIP）数据

超级飞侠3好玩的数学. 数字真奇妙 / 奥飞动漫著 ；天代出版编. -- 长春 : 吉林出版集团股份有限公司, 2018.1

ISBN 978-7-5581-2658-1

Ⅰ. ①超… Ⅱ. ①奥… ②天… Ⅲ. ①数学－儿童教育－教学参考资料 Ⅳ. ①O1

中国版本图书馆CIP数据核字(2017)第104344号

CHAOJI FEIXIA 3 HAOWAN DE SHUXUE SHUZI ZHEN QIMIAO

超级飞侠3 好玩的数学 数字真奇妙

著： 奥飞动漫
编： 天代出版
丛书策划： 徐彦茗
责任编辑： 欧阳鹏
技术编辑： 王会莲 徐 慧
特约编辑： 边晓晓
封面设计： 徐 莉
排版制作： 刘弘毅
开 本： 787mm×1092mm 1/16
字 数： 50千字
印 张： 3
版 次： 2018年1月第1版
印 次： 2018年1月第1次印刷

出 版： 吉林出版集团股份有限公司
发 行： 吉林出版集团外语教育有限公司
地 址： 长春市泰来街1825号
邮 编： 130011
电 话： 总编办：0431-86012683
发行部：010-62383838
0431-86012767
网 址： www.360hours.com
印 刷： 北京瑞禾彩色印刷有限公司

ISBN 978-7-5581-2658-1 **定价：** 16.80元

亲爱的爸爸妈妈：

3～6岁的儿童处于知识积累的敏感期，这个年龄段的孩子会对各个领域的知识表现出浓厚的兴趣，而且学得特别快。如果能够把握住这个关键时期，给予孩子适当的指导，那么孩子不仅可以充分感受到认识世界的快乐，还能为以后的学习打下良好的基础。

《3～6岁儿童学习与发展指南》提出："数学应扎根于儿童的生活与经验，在探索中发现数学和学习数学，并学会运用数学去解决日常生活中的问题，从而获得自信，感受和体验到数学的乐趣。"在这个时期，数学领域认知的重点应放在数学思维方法的形成和训练上，认知内容应贴近儿童的生活经验，认知方式应采取游戏的形式，让儿童在游戏中、生活中、活动中学习数学。

《超级飞侠3 好玩的数学》系列是一套专为3～6岁儿童精心打造的数学思维能力训练游戏书。本系列图书内容全面，涵盖了基础知识认知、思维能力训练、数学在生活中的运用等；游戏形式多样，找不同、数字迷宫、连线、涂色……让孩子在轻松、愉快的氛围中掌握数学知识，提高数学思维能力，培养数学学习兴趣。

我们衷心希望这套图书能够帮助孩子赢在数学启蒙的起跑线上，为今后的数学学习奠定坚实基础。

超级飞侠3 好玩的数学 编委会

马尔代夫的海底

小朋友，请你用黄色的笔圈出最高的 1 棵珊瑚树，再用红色的笔圈出许多蓝色的鱼。

爱莎的小鱼很不开心，爱莎就给它找了一位玩具鱼朋友。请小朋友从下面的众多小鱼中圈出爱莎买的那 1 条玩具鱼吧。

海底有一只大章鱼住在珊瑚洞里，周围还有许多小珊瑚，请小朋友用自己喜欢的彩笔圈出这只大章鱼和周围的许多小珊瑚。

爱莎坐上一艘潜水艇，想把自己的小鱼放回大海，请用红色的笔在下图中圈出那艘潜水艇，再用绿色的笔圈出潜水艇周围的许多鱼。

一起放风筝

小朋友找一找，这个篮子里有几只小熊猫？请在下面这几组数字中找出正确的数并圈出来。

1　2　3　4　5

乐迪在途中遇到了克什米尔羊，请小朋友数一数下图中有多少只小羊，并圈出正确的数字。

小朋友，请看下面几组图，数一数图中物品的数量，并与卡片上对应的星星个数连线。

包子铺

请看这张图，架子上有几个空的包子笼屉呢？请在下面这几组数字中找出正确的数字并圈出来。

6　7　8　9　10

请看图，数一数图中有几把椅子、几摞小碗。再用红色圈出椅子的把数，用绿色圈出小碗的摞数。

下面这两幅图共有 5 处不同之处，请小朋友找出来吧！

公主的小狗

英国的美丽宝公主为自己的小狗订购了狗项圈。每个项圈都有数字编号，请小朋友看一下，2 的相邻数是几？请用“○”圈出来。4 的相邻数是几？请用“□”框出来。

美丽宝公主有 5 只小狗，每只小狗都有编号，请给没有编号的小狗写上正确的数字编号吧。

美丽宝公主的每只小狗都有自己的家，请小朋友看一下，2 号小狗右边住着的是哪只小狗，请用“○”圈出它的邻居。

走迷宫，找朋友。3 号小狗的两个邻居走丢了，请你先按照正确的路线帮它找到自己的两个邻居，再说一说它的邻居分别是几号吧。

贡多拉真棒

卡卡需要乘坐贡多拉去给朋友送派对邀请函，他的贡多拉编号是 7 和 9 共同的相邻数，请用红颜色的笔帮他把那个数圈出来吧。

小朋友，请数一数物品的数量，并在 ◯ 里填上正确的相邻数。

请在空白处填上正确的数字。

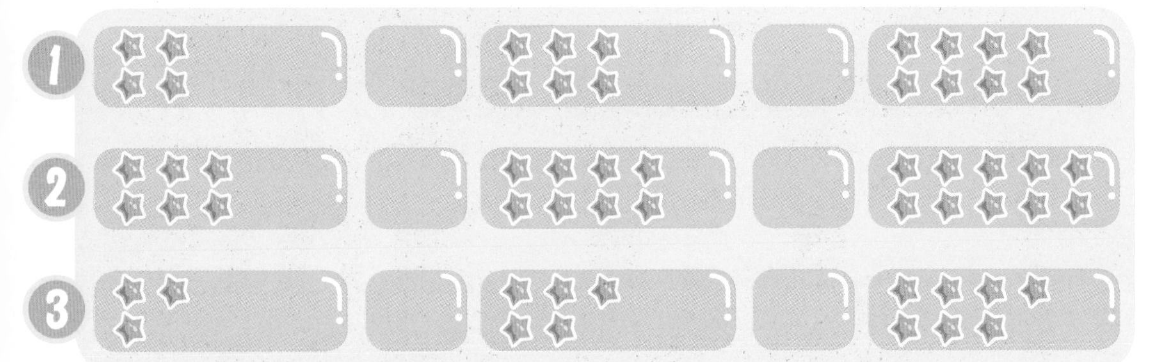

卢卡给 10 位朋友送了邀请函。其中与 9 号相邻的两位小朋友来得最早。请你在图中圈出他们吧！

小朋友请看一下，9 的相邻数是几？7 的相邻数是几？用“□”把它们的相邻数框起来吧。

拯救大壁画

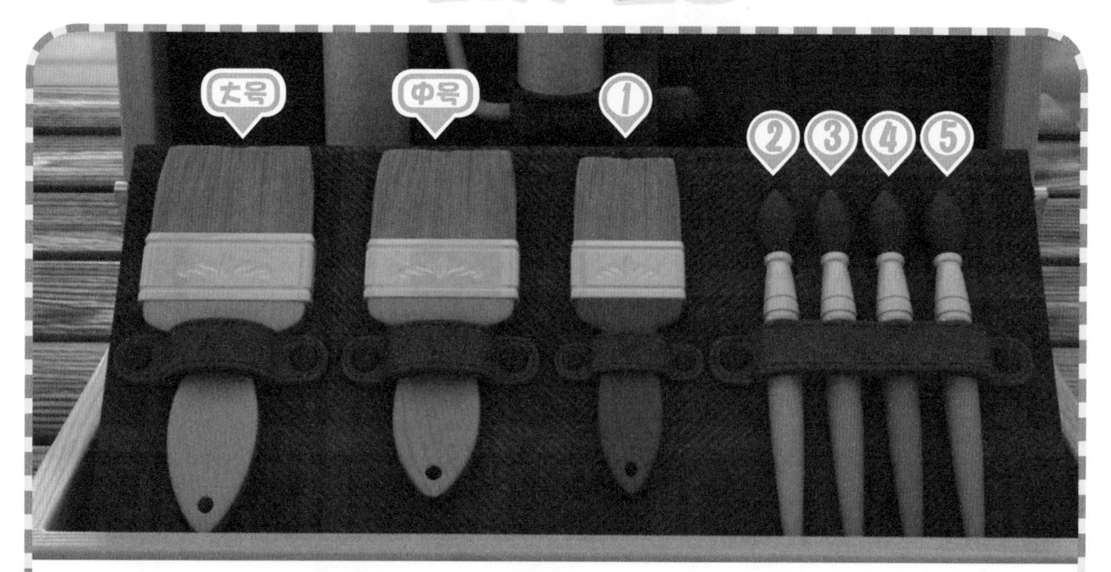

乐迪飞到荷兰给威林送快递，威林打开快递之后，里面正是他需要的画具。威林需要用到图中的第 5 号笔，请帮他圈出来吧。

威林在乐迪的鼓励下，找到了很多新朋友帮他画壁画。他的壁画画完了，非常漂亮。请小朋友圈出大壁画中的第 3 个小朋友。

请把 3 号风车的扇叶涂上绿色，把 5 号风车的扇叶涂上蓝色。

下面有 5 个颜料桶，每个桶里装着不同颜色的颜料。小朋友请仔细看一下，橙色的颜料在第 ____ 号桶里，蓝色的颜料在第 ____ 号桶里，红色的颜料在第 ____ 号桶里。

德国的消防员叔叔

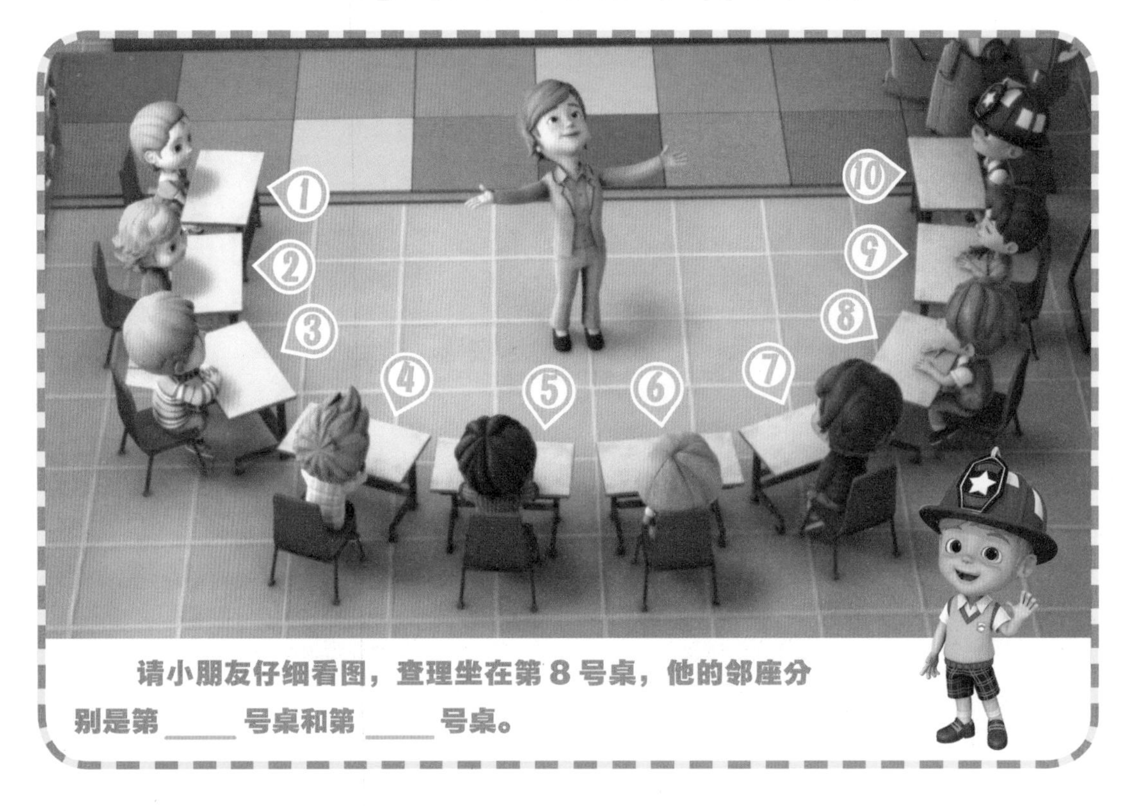

请小朋友仔细看图，查理坐在第 8 号桌，他的邻座分别是第 _____ 号桌和第 _____ 号桌。

消防站停了 10 辆消防车，请把车位数字补充完整。

德国的某处森林着火了，有三项任务要完成。1 消防车要去接斯蒂芬的爸爸，2 斯蒂芬的爸爸正在扑灭森林的大火，3 小爱需要把受困的爸爸和小鹿救出来，请把人物和对应事件的序号连接起来。

澳大利亚跳跳跳

请小朋友根据下面的图例在方框内填入正确的数字。

看图填数字。

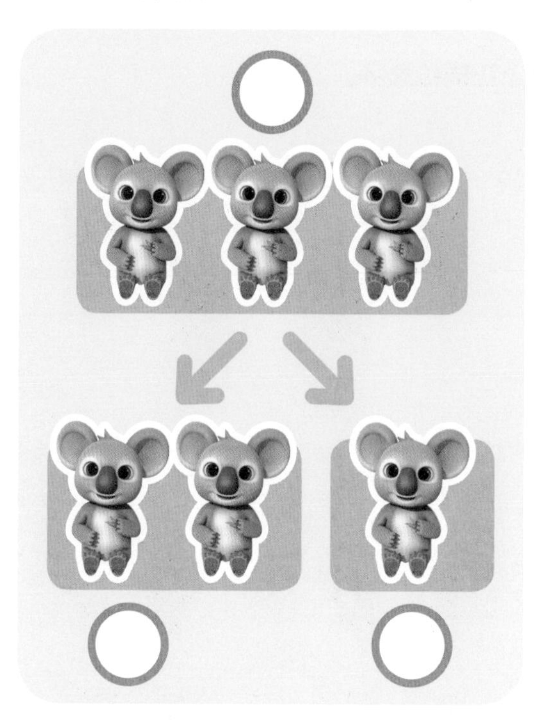

根据数字提示填图案。

看图连数字。

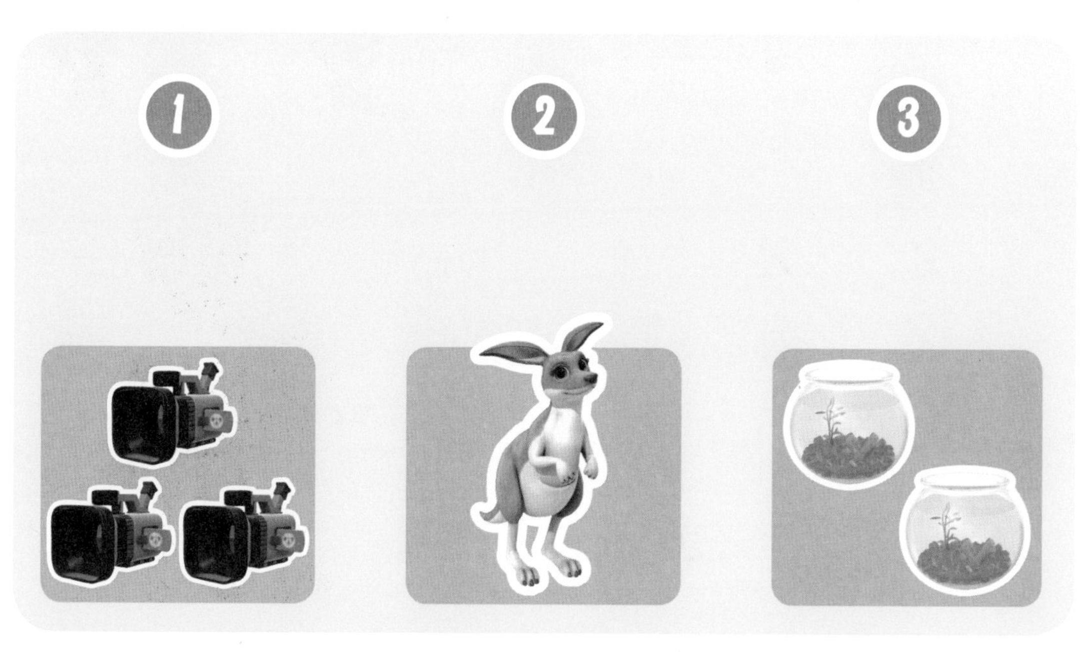

沙漠的动物

请小朋友根据下面的图例在方框内填上正确的数字。

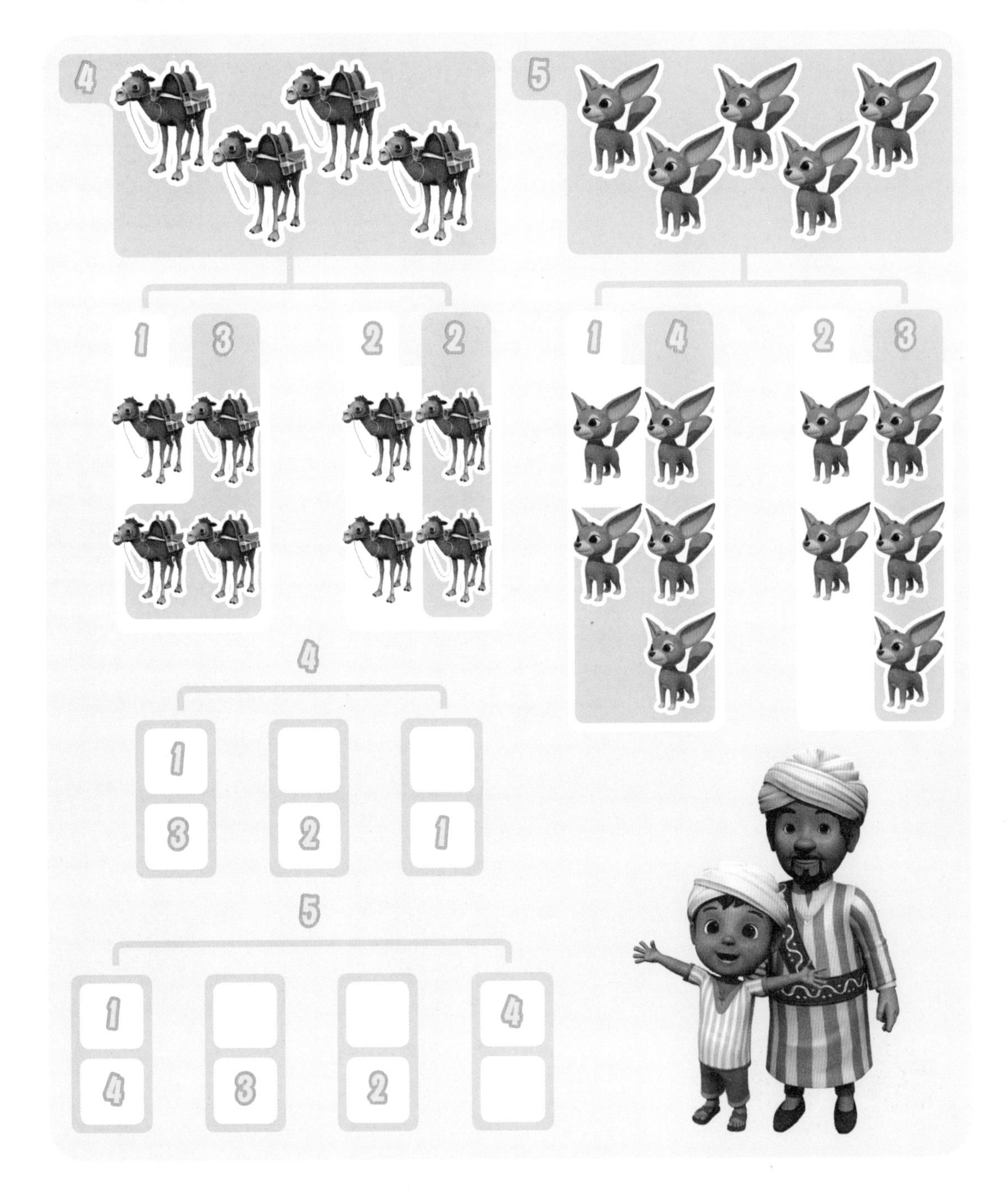

小朋友，请你把相加后得数为 5 的仙人掌用不同颜色的彩笔连起来。

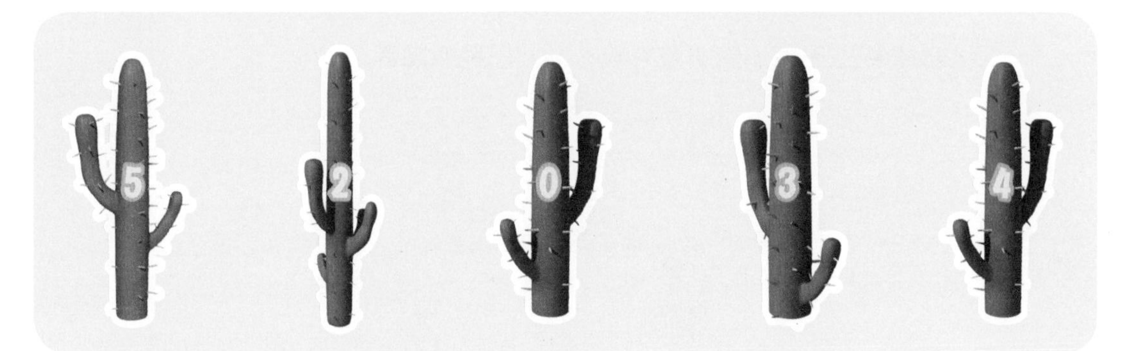

把 5 辆雪地车分为两组有几种分法？请把答案填在空白处。

把 4 只小狐狸分为两组有几种分法？请把答案填在空白处。

根据数字提示填图案。

迷路的小羚羊

请小朋友根据下面的图例在方框内填上正确的数字。

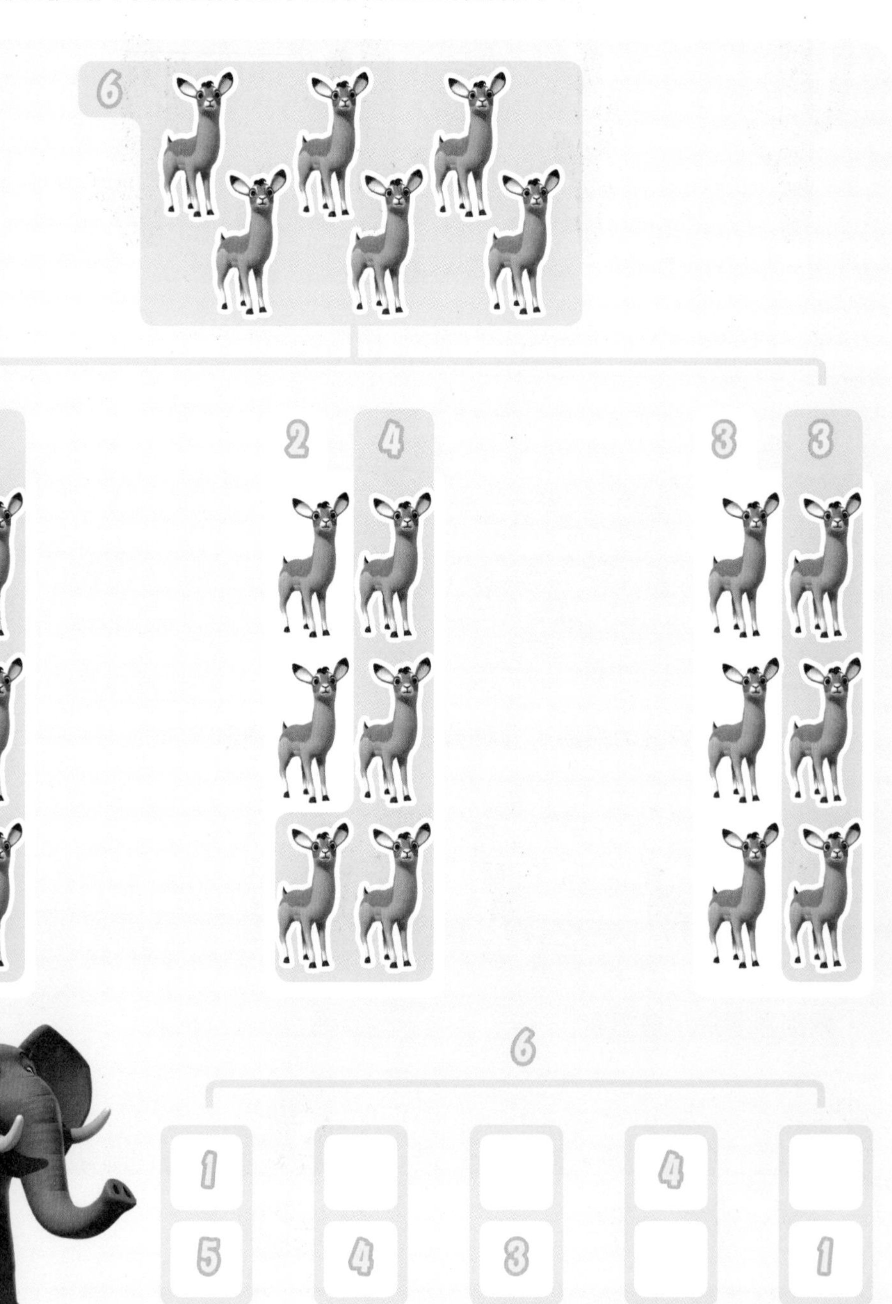

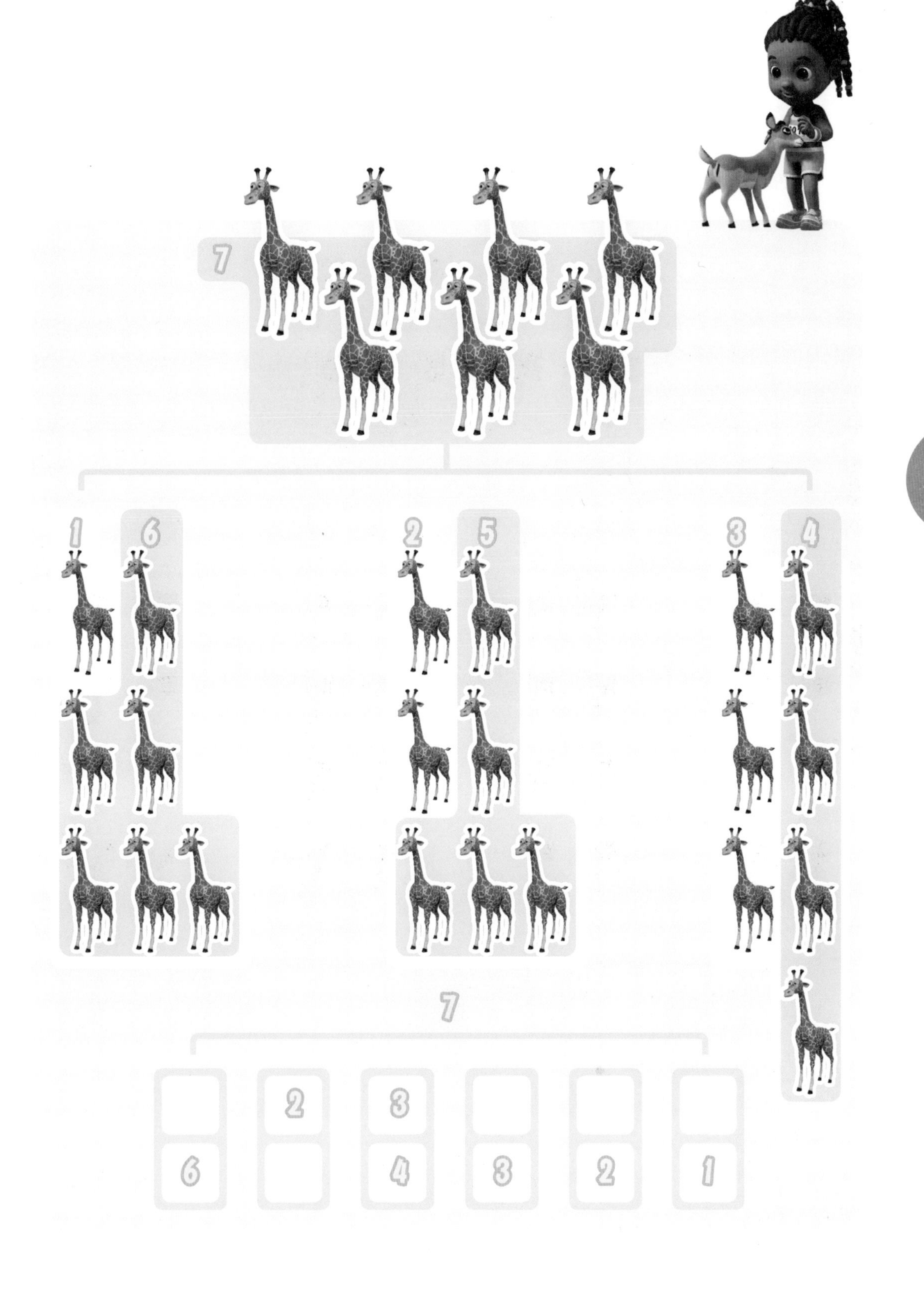
7
1
6
2
5
3
4
7
2
3
6
4
3
2
1

一起拍电影

请小朋友根据下面的图例在方框内填上正确的数字。

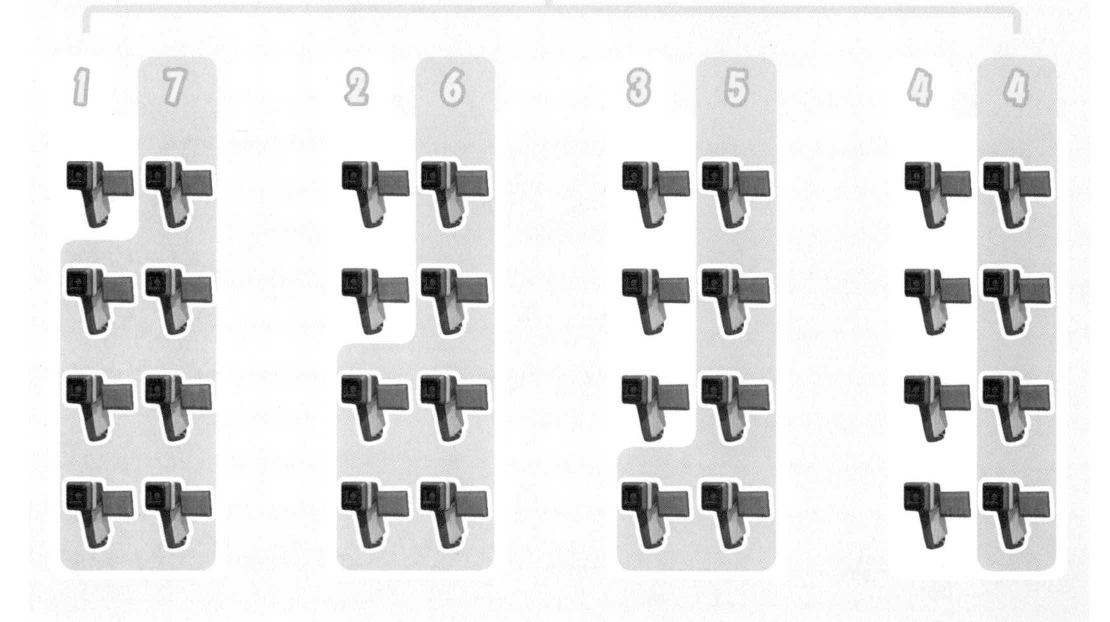

8

	2	3			6	
7		5	4	3		1

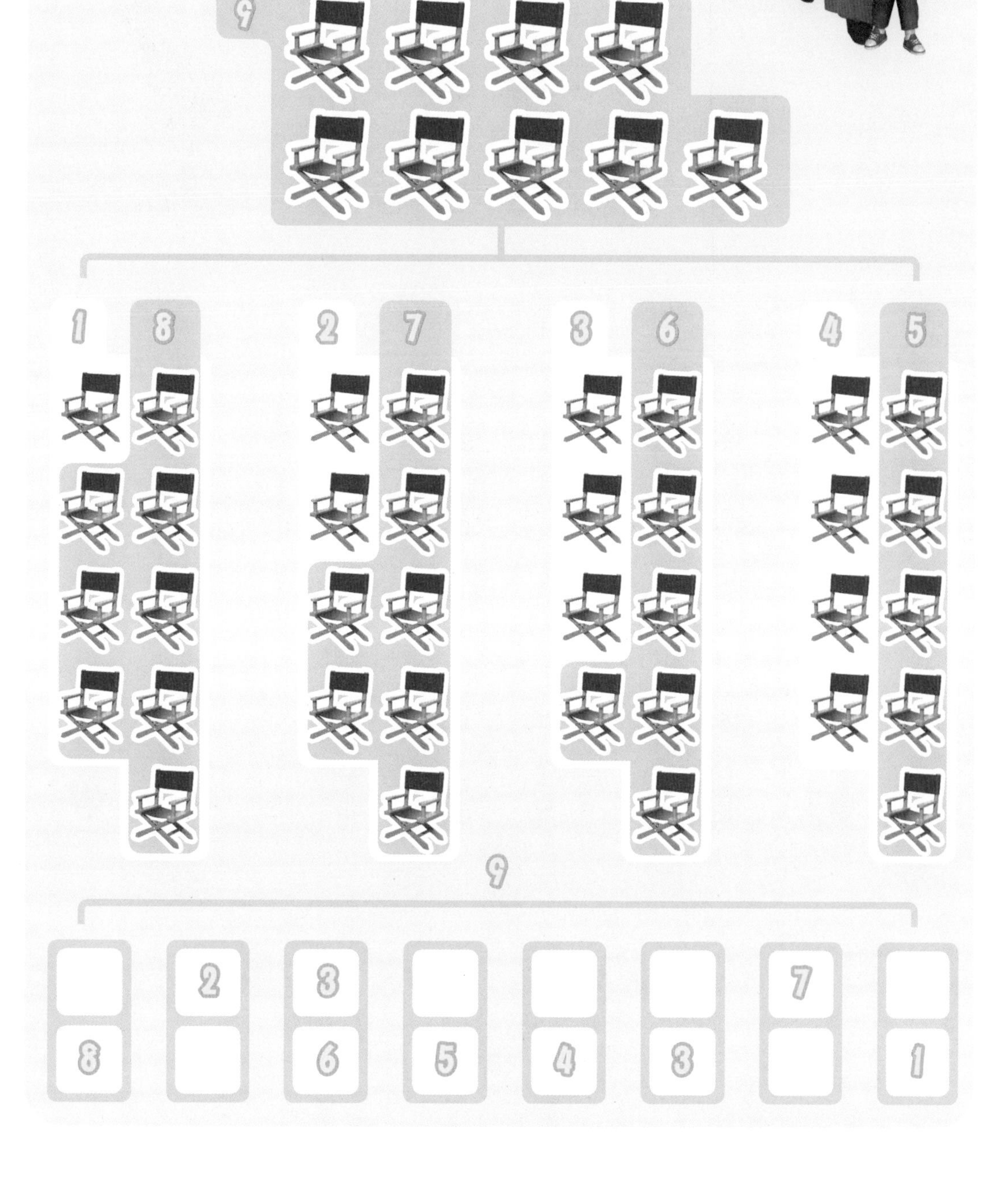
9
1
8
2
7
3
6
4
5
9
2
3
7
8
6
5
4
3
1

SUPER WINGS

SUPER WINGS

SUPER WINGS

尼斯湖水怪

请小朋友根据下面的图例在方框内填上正确的数字。

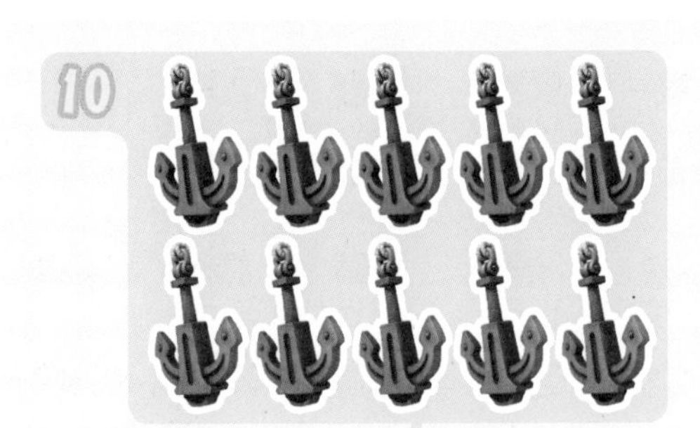

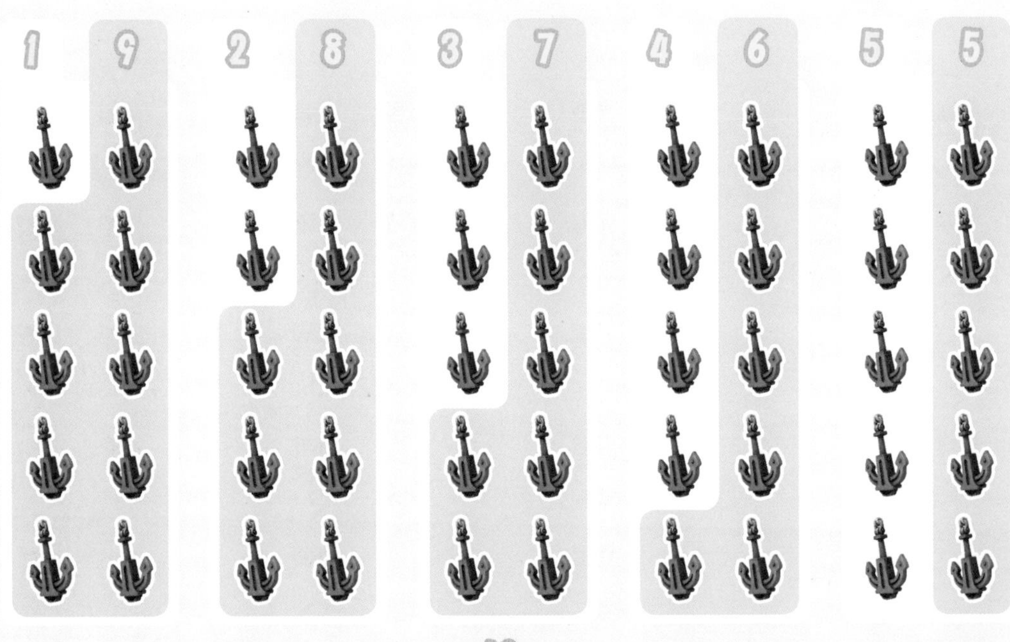

10

小朋友，请你把两行中相加后得数为 10 的皮球用彩笔连起来。

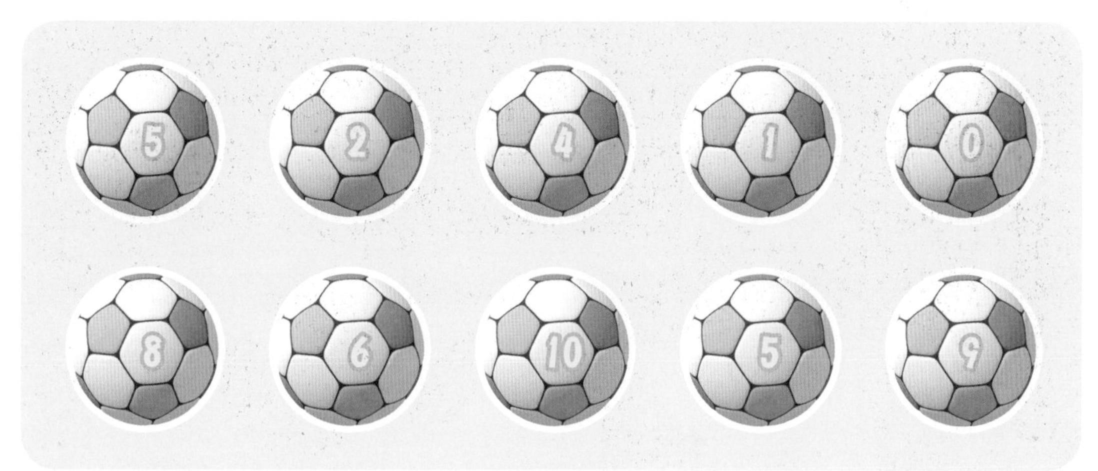

添画图形，使每组中两种图形的数量一样多。

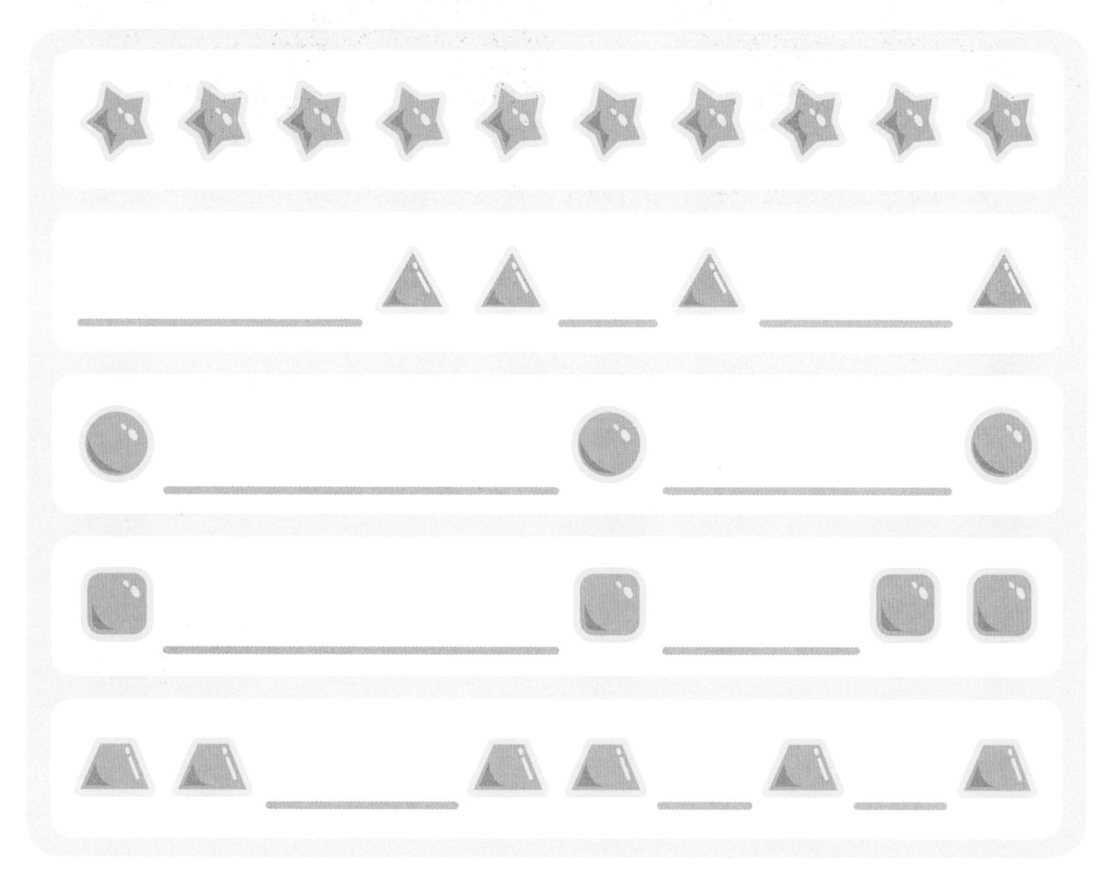

蒙古的星星

住在蒙古的林比雅收到了夜光星星，可是星星都落在了羊群里。小朋友，请你数一数，下面图中有多少颗星星和多少只羊，再动手写一写数字吧！

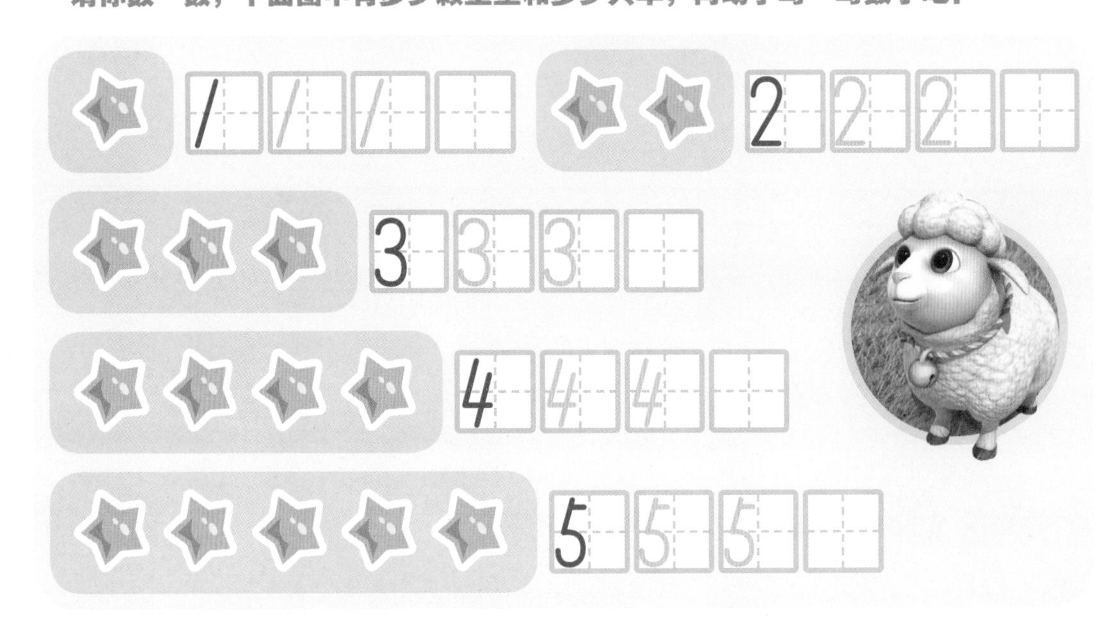

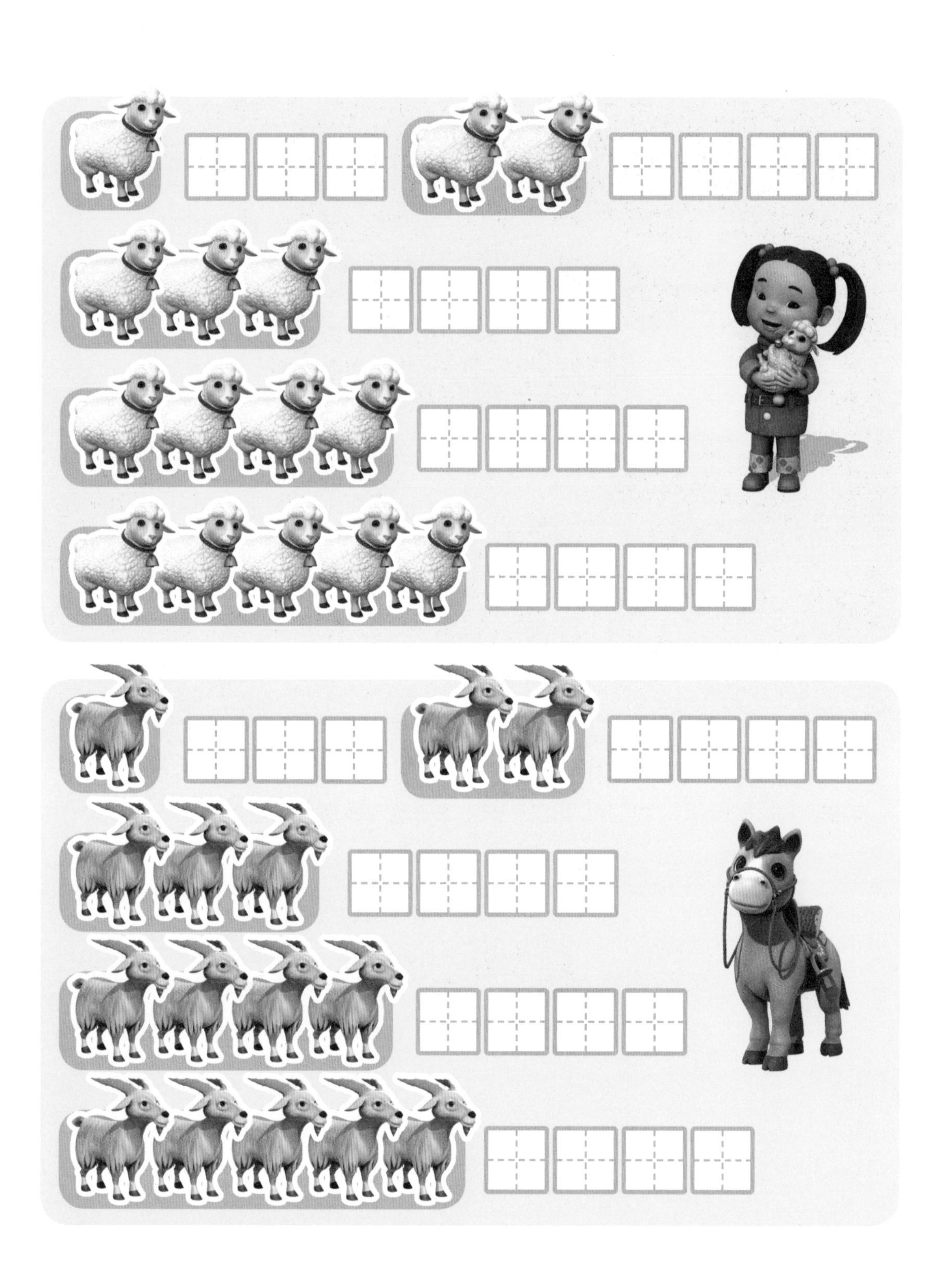

SUPER WINGS

SUPER WINGS

SUPER WINGS

生日嘉年华

住在墨西哥的双胞胎兄弟杜马斯和曼埃尔正在举办生日嘉年华。很多小伙伴都带着礼物来到了他们家。请数一数，写一写下面各种礼物的数量吧。

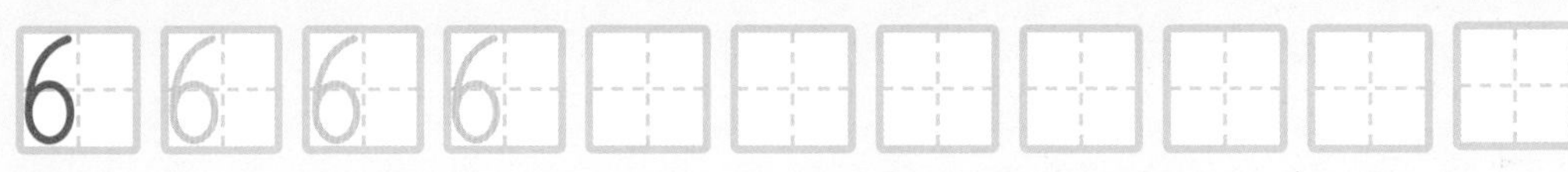

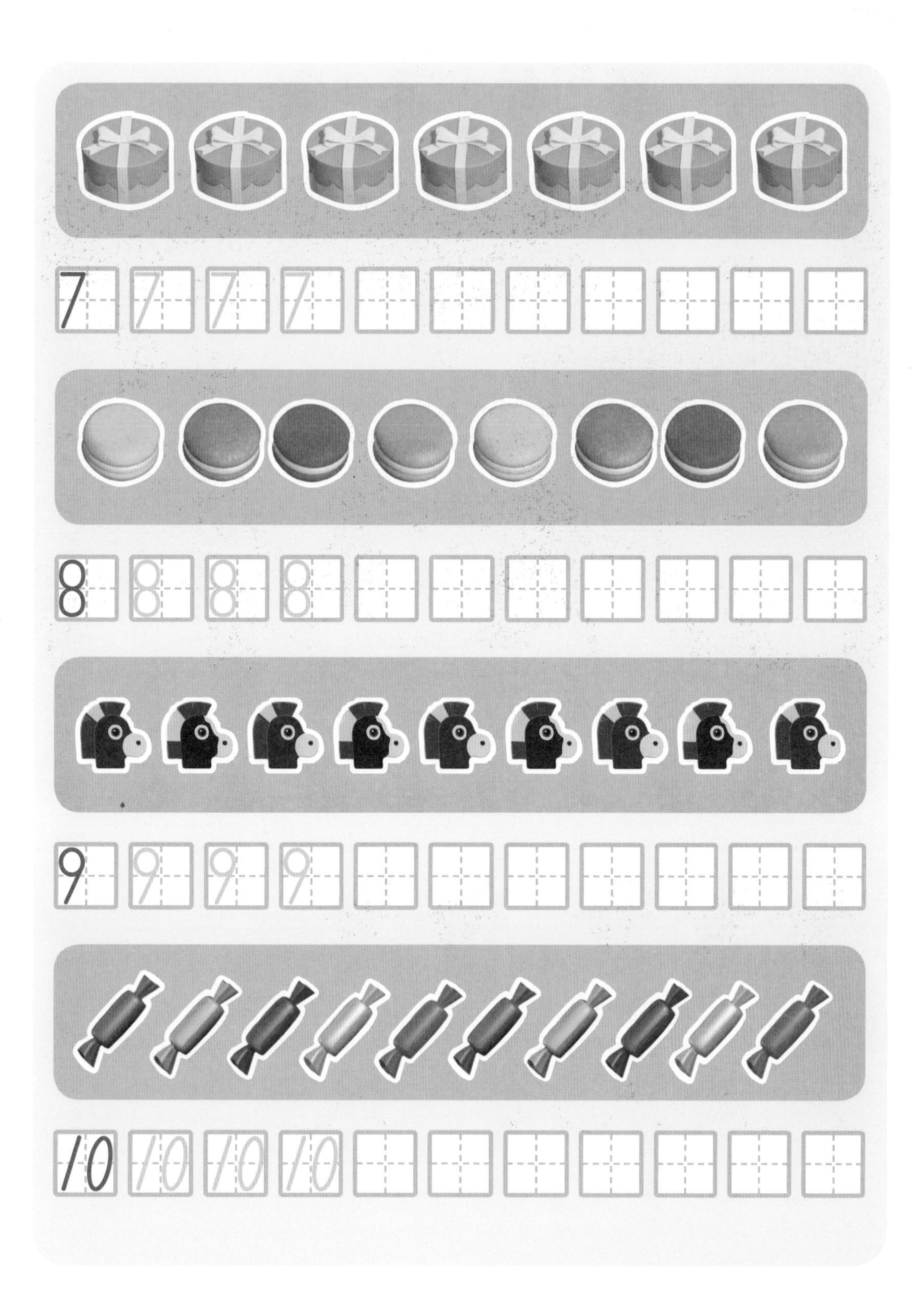
7 7 7 7
8 8 8 8
9 9 9 9
10 10 10 10

新西兰企鹅之家

乐迪、埃拉和她的妈妈要送企鹅回南极洲，他们带了几种物品就乘船出发了，途中还遇到了一些动物。请小朋友算一算这些动物和物品的数量吧。

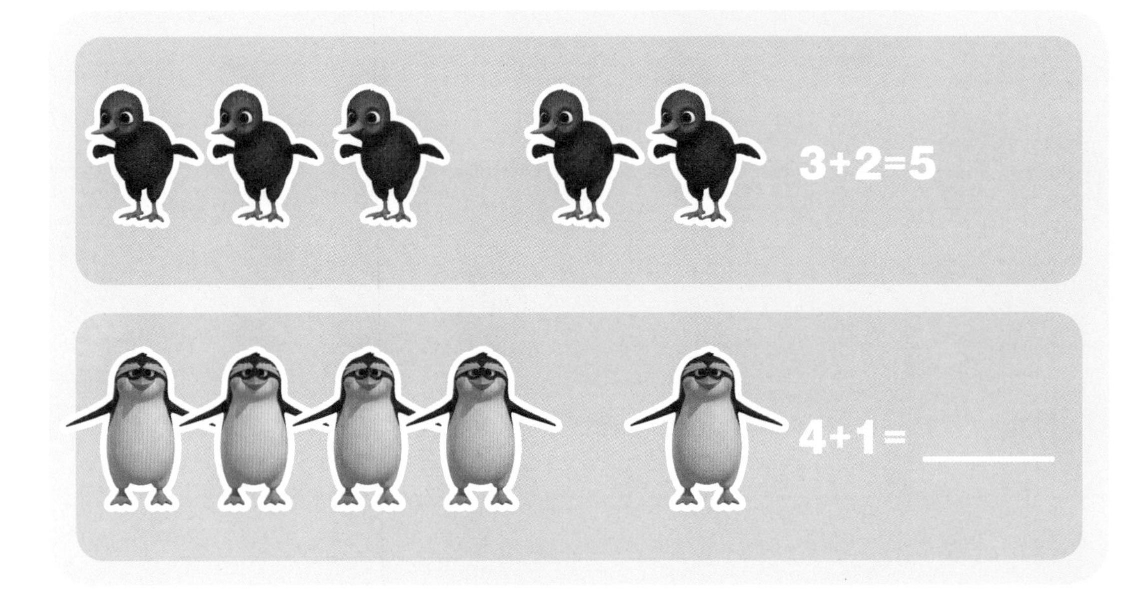

2+2= ______

2+1= ______

  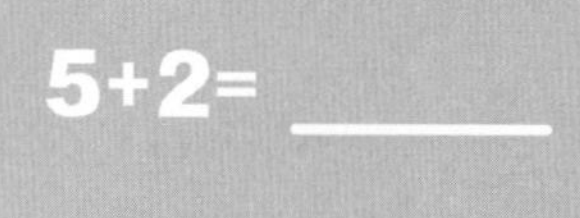

5+2= ______

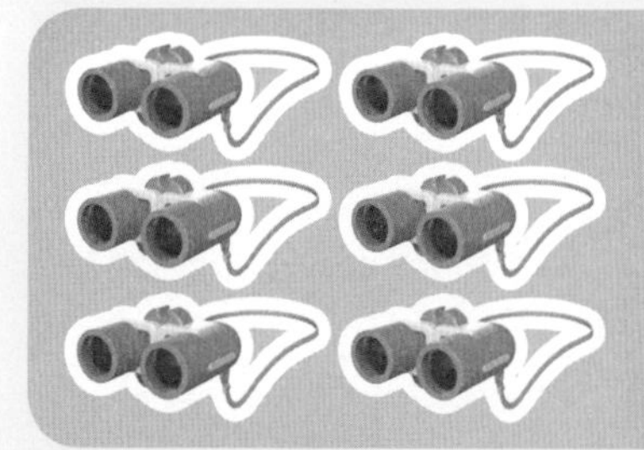 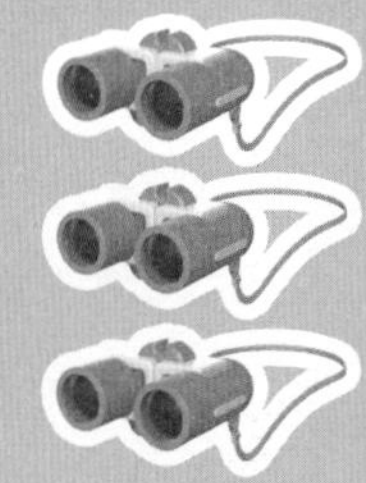

6+3= ______

8+2= ______

津巴布韦的探险家

乐迪飞往津巴布韦给住在那里的腾黛送快递，腾黛和其他小伙伴的任务是找到猴面包树的树叶、东非隼的羽毛和刺角瓜。他们还遇到了一些非洲特有的动物。小朋友，请你算一算，它们都有多少个呢?

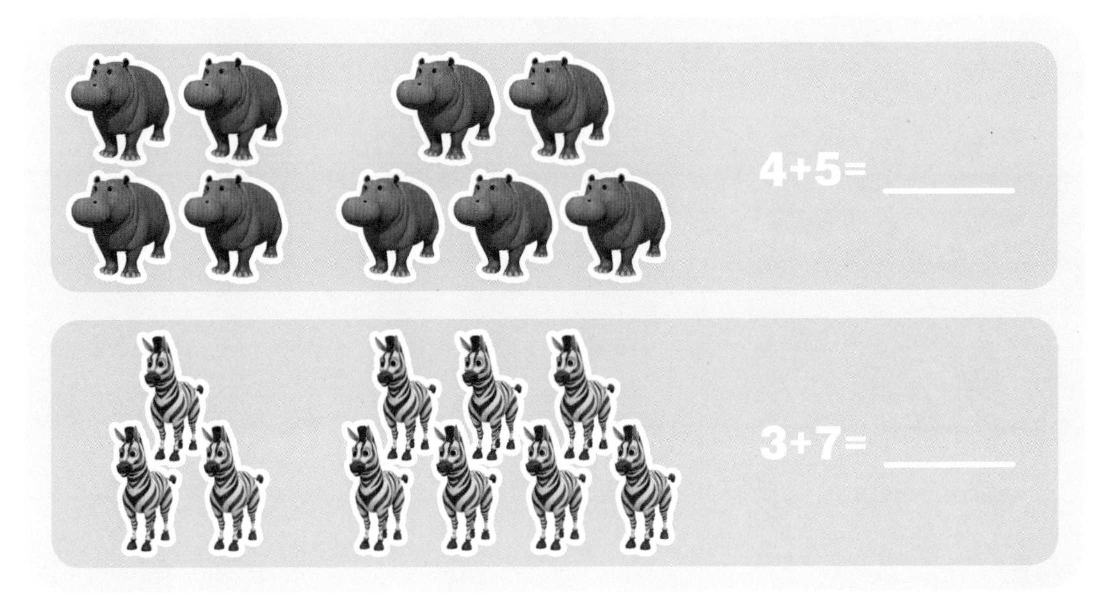

4+5= ______

3+7= ______

小朋友,请你数一数,比一比下列物品。

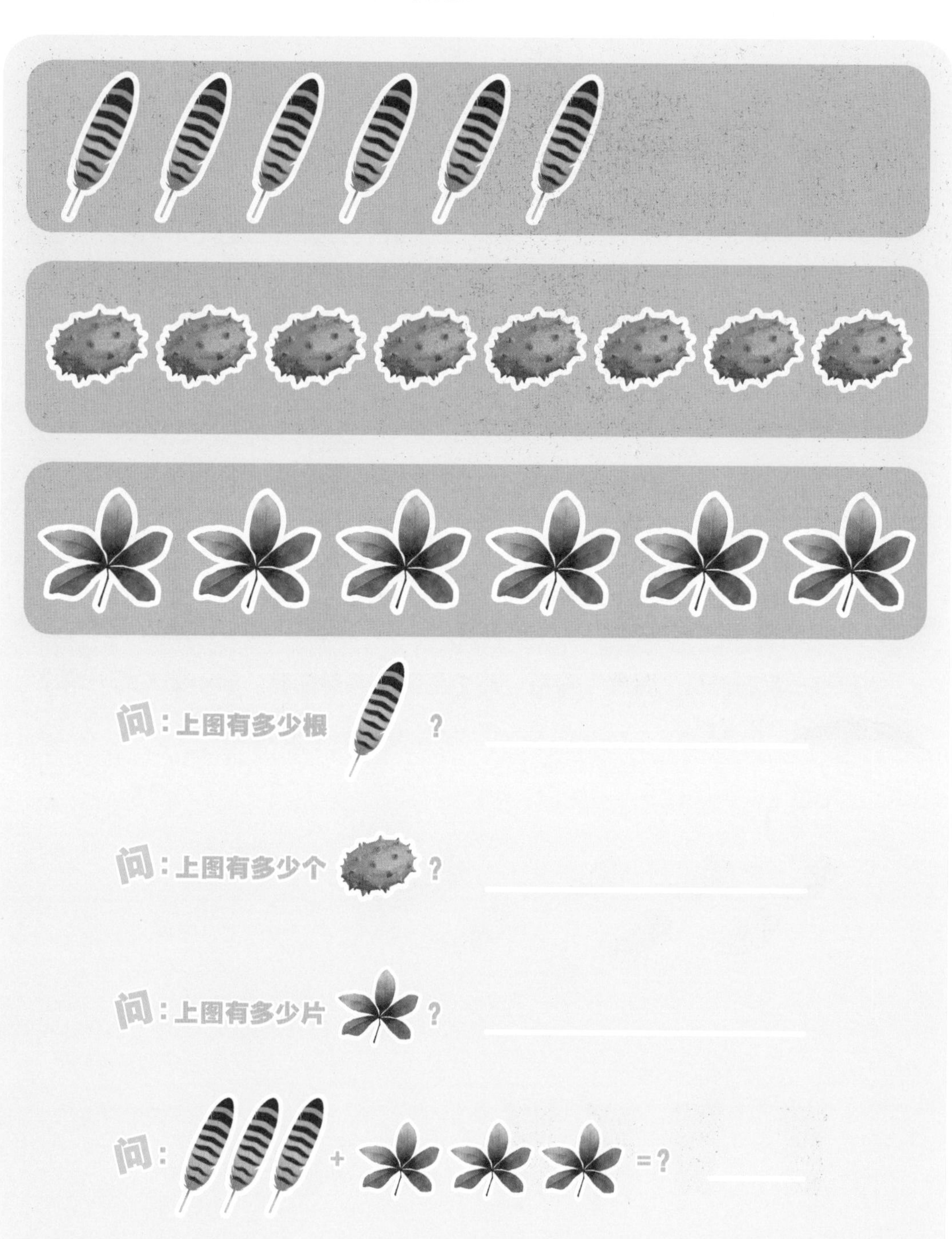

乐器数数看

莎娜一家在演奏“雷鬼”音乐，他们用到了几种乐器，请小朋友算一算下面这些乐器的数量吧。

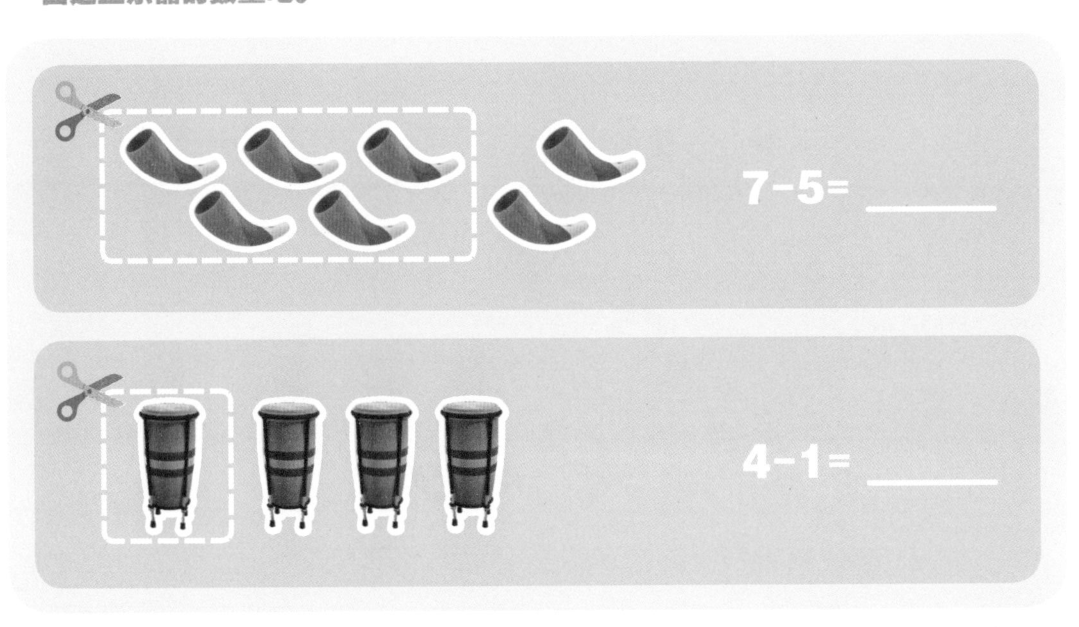

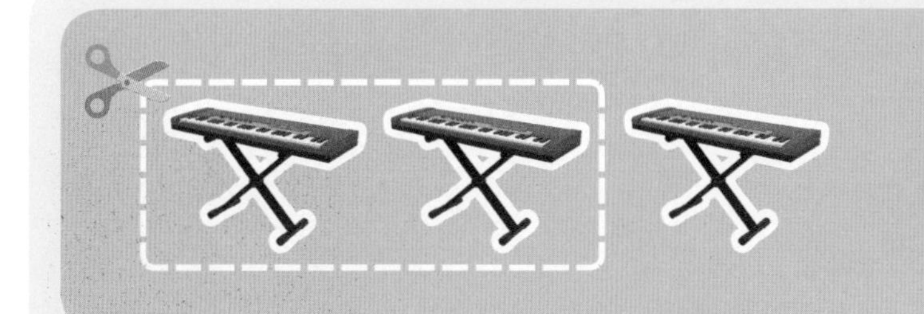

3-2= ______

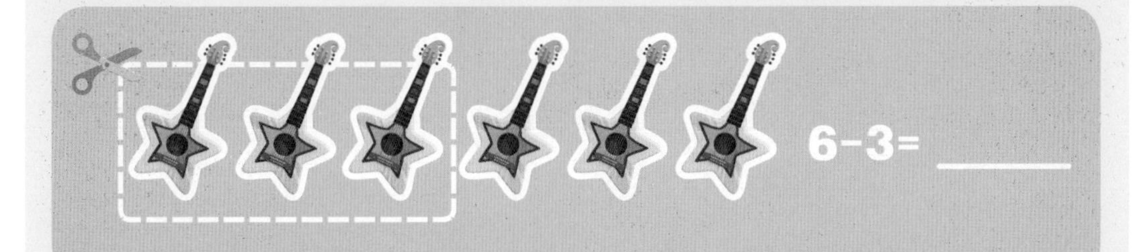

6-3= ______

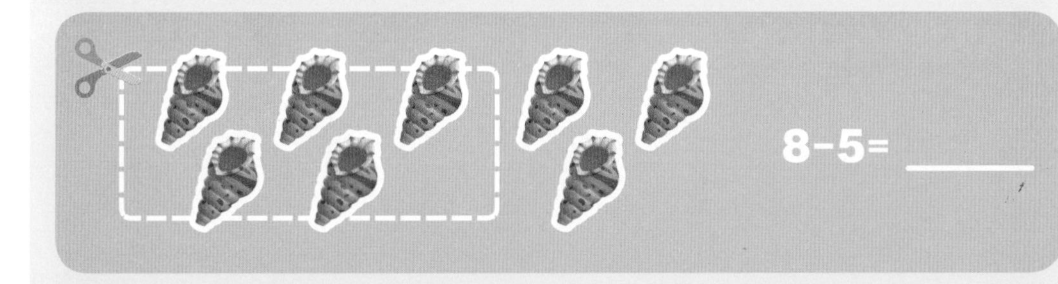

7-4= ______

8-5= ______

9-2= ______

马戏表演要准时

莫斯科的尤利和家人表演时使用了以下道具。请小朋友算一算这些道具的数量吧。

蓝色杂耍棒比红色多____个。红色杂耍棒比白色少____个。

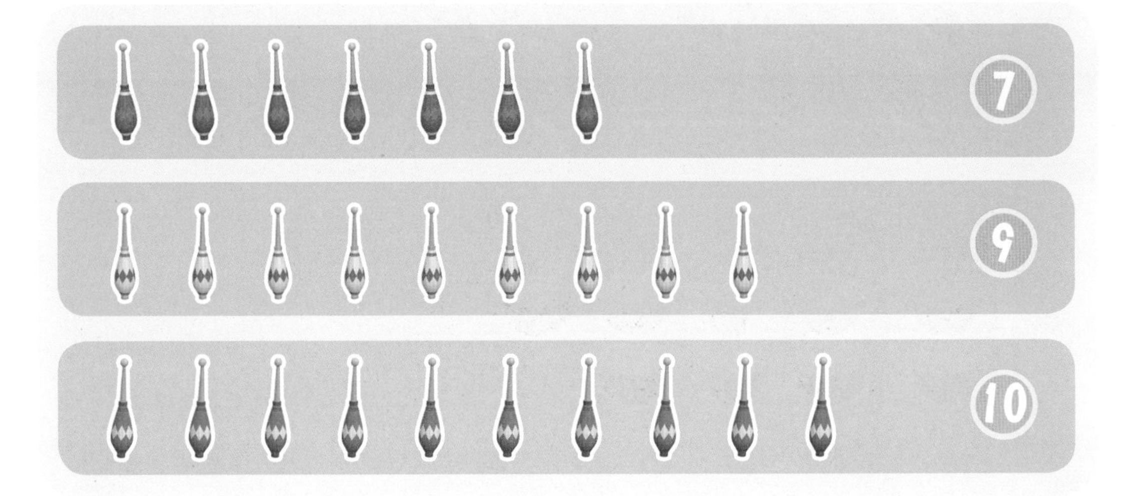

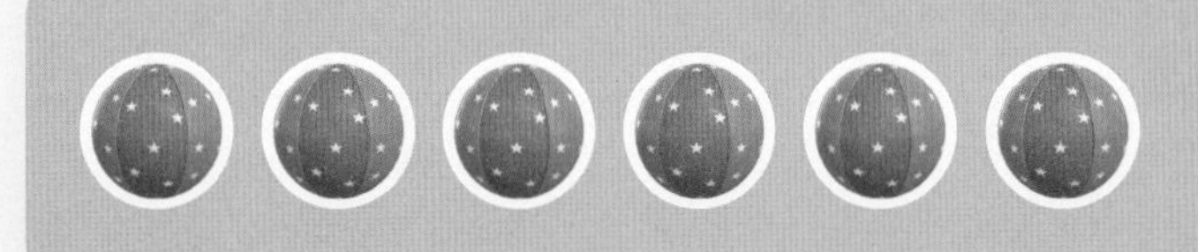

问：上图有多少个？

问：上图有多少个？

问：上图有多少把？

问：上图比多多少？

问：上图比多多少？

泰国大象怕水枪

小象胖胖站到了悬崖上，耐仁和她的爸爸不知道如何救下它。请你把梯子上的数字补充完整，这样酷飞就能把小象救下来了。

酷飞无法把小象顺利救下来，乐迪前来支援，请按照正确的数字顺序，让乐迪能顺利到达小象所在的位置。

中国太空之旅

小云去参观火箭发射，此时火箭正在准备发射，请和小云一起倒计时吧。

小云不小心随着穿梭机升入了太空，请帮小云把三条路缺少的数字补全，并找到一条数字完整的路，让他安全返回地球吧。

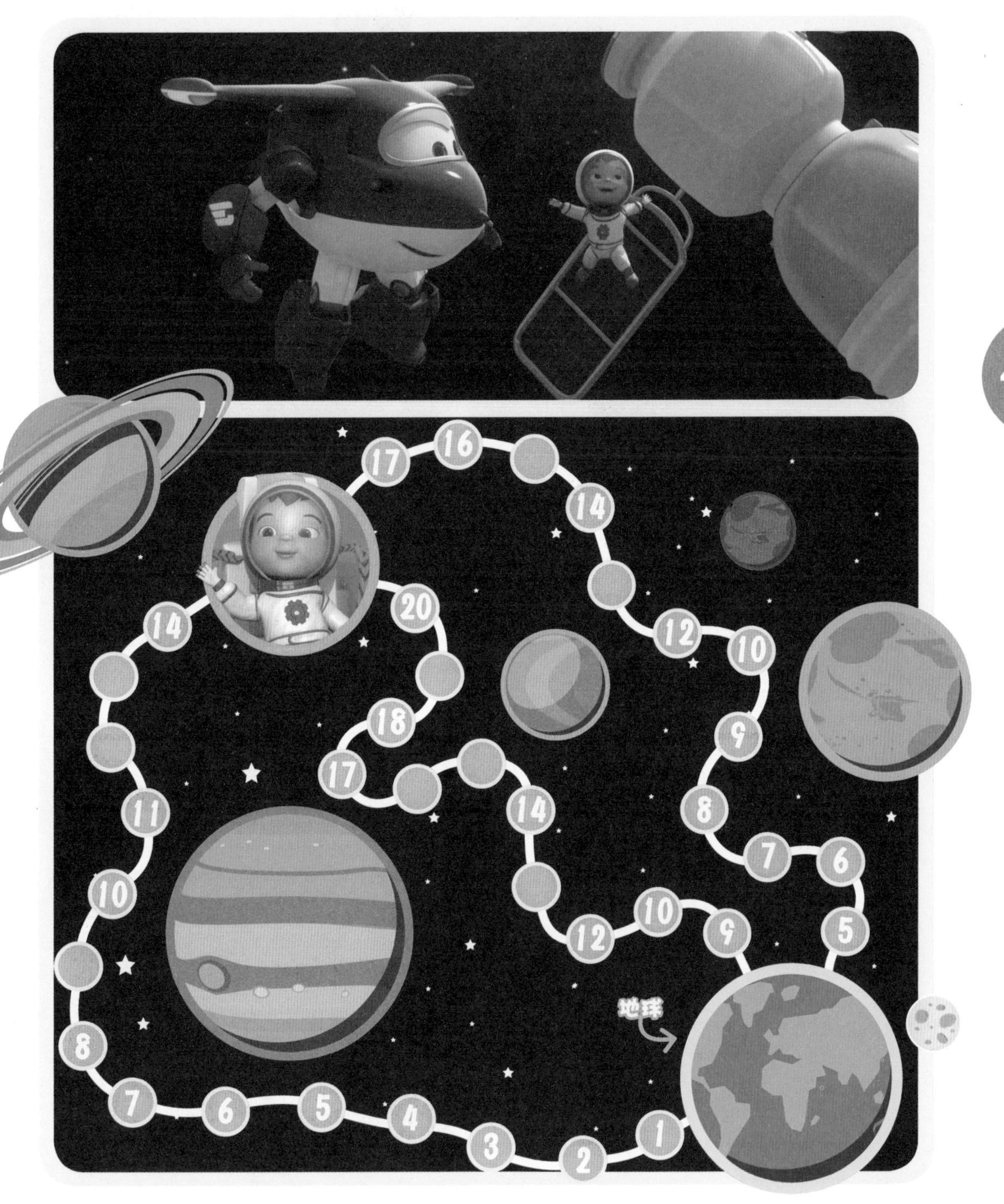

P4

爱莎的玩具鱼

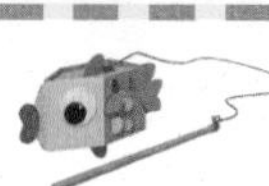

P5

P7

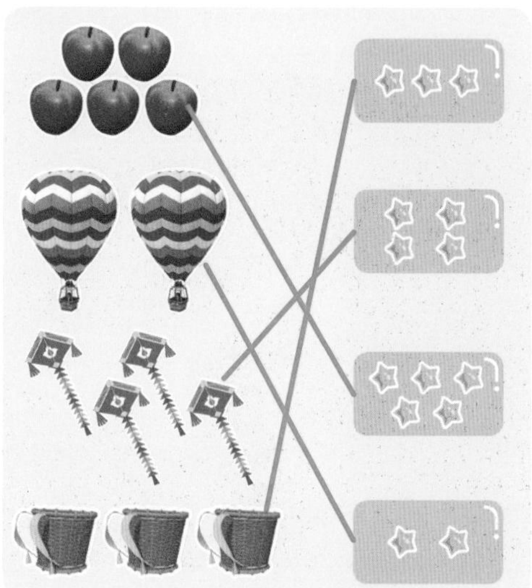

P9

P10

P8

笼屉数量 8

P6

小熊猫数量 2

小羊数量 3

P11

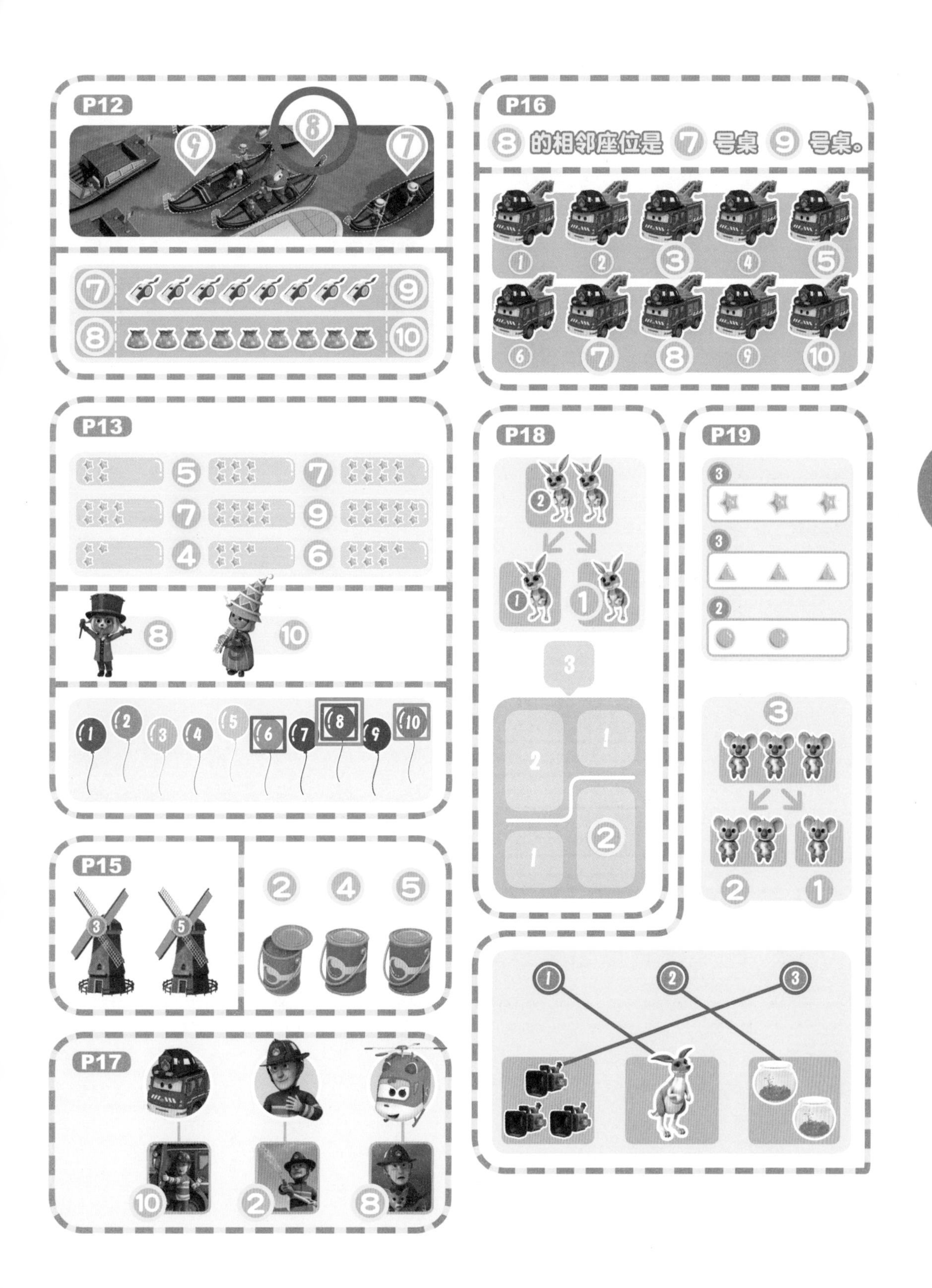
P12
9
8
7
P16
8 的相邻座位是 7 号桌 9 号桌。
P13
5
7
7
9
4
6
8
10
P18
P19
P15
2
4
5
P17
10
2
8

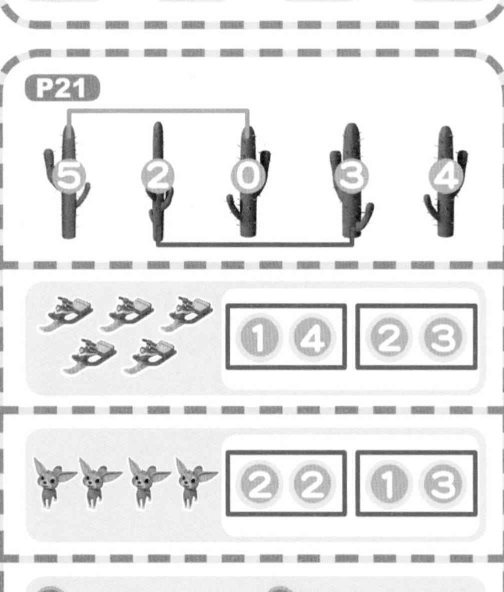
P20
P21

P22

P23

P24
P25

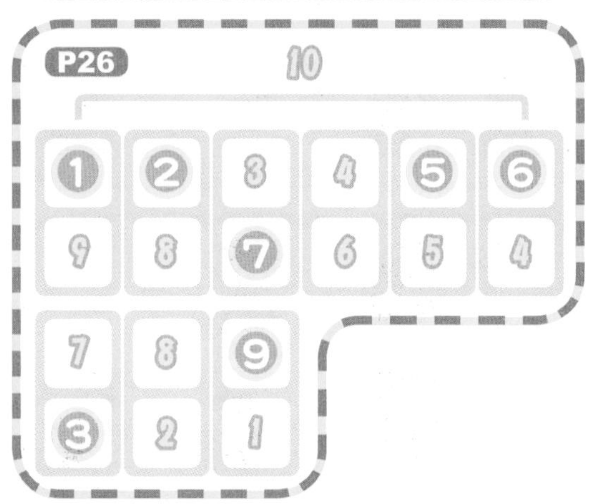
P26

P27

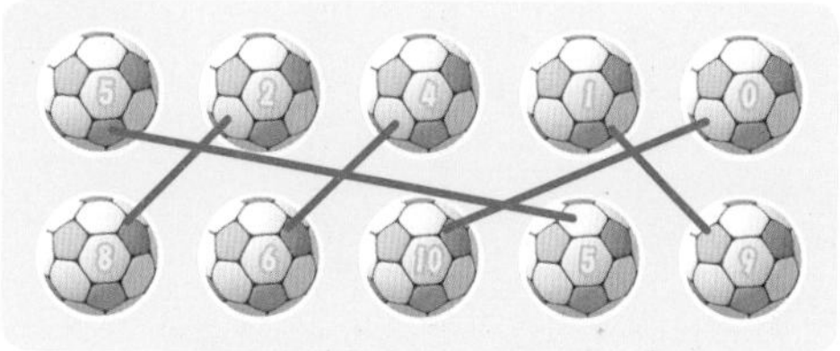

P35

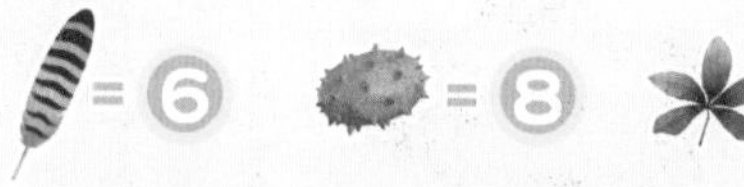

= 6 = 8 = 6

+ = 6

P38

蓝色杂耍棒比红色多 3 个。

红色杂耍棒比白色少 2 个。

P39

上图有多少个 ? 6

上图有多少个 ? 8

上图有多少把 ? 10

上图 比 多多少? 2

上图 比 多多少? 4

P32 4+1= 5

P37

3-2= 1

6-3= 3

7-4= 3

8-5= 3

9-2= 7

P33

2+2= 4

2+1= 3

5+2= 7

6+3= 9

8+2= 10

P34

4+5= 9

3+7= 10

P36

7-5= 2

4-1= 3

P42

火箭发射

倒计时开始！

10 9 8 7 6

5 4 3 2 1 发射

答案

P40

P41

P43

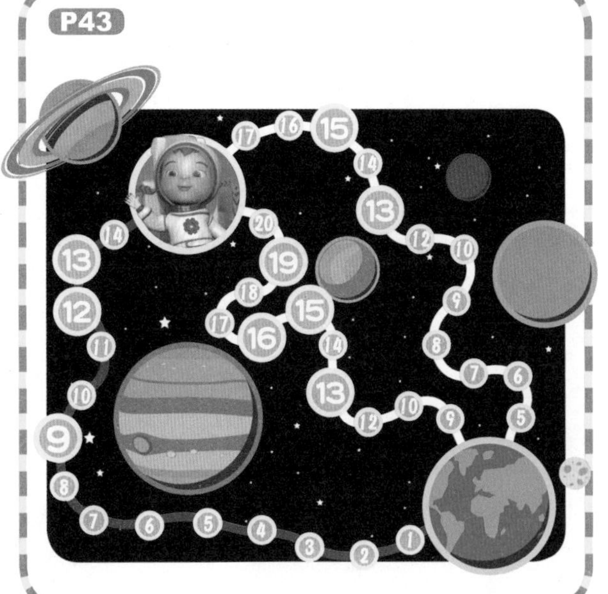